給孩子的
漢字故事繪本

編著 —— 鄭庭胤　　繪圖 —— 陳亭亭

中華教育

給孩子的話

　　小朋友，偷偷告訴你一個祕密，遠在上古時期，我們的老祖先便靠着一代傳一代，將一個大祕寶流傳至今。如此珍貴的寶藏，究竟是來自龍宮的金銀珍珠，還是玉皇大帝的仙丹妙藥呢？答案可能要叫你大吃一驚了，那就是我們生活中無所不在的「漢字」。

　　你可能會很不服氣，說：「這才不是寶藏呢！」但是先別急，試着想像一下，要是沒有文字，這世上會發生甚麼事呢？

　　在古時候，史官靠着手上一枝筆紀錄國家發生的大小事，要是文字消失，歷史也就跟着隱沒在時光中；世上如果沒有文字，我們就沒有課本能夠使用，得在老師講課時，一口氣記下所有知識，可真叫人頭昏眼花！幸好，漢字解決了這些麻煩，就算不必發明時光機器或記憶藥水，我們也能知曉天下事、學習前人的智慧，這麼看來啊，就算說漢字比金銀財寶更加珍貴，也不為過呢！

　　說到這裏，你是不是開始對漢字刮目相看了呢？在這本書裏，邀請到好多漢字朋友來聊聊他們的過去與近況，趕快翻開下一頁，漢字們要開始說故事囉！

目　錄

míng

名

$(\rightarrow 8 \rightarrow 8 \rightarrow $ 名

　　日暮時分，昏暗的天色令人難以看清四周，連迎面走來的人都分不清是誰，只有開口說出自己的名字，才能辨識出彼此。「名」字的上方是個「夕」，用來表示太陽落下，月亮剛剛升起的黃昏；下方的「口」則是嘴巴的意思。

　　「名」指的是姓名，即使天色昏暗看不清長相，說出名字就能表示我們的身分。

小教室：

在傳統社會裏，人們相信名字和人的命運息息相關，而名字通常也蘊含着父母對我們的期待。

小朋友，你知道自己的名字有甚麼含意嗎？可以請家長告訴你取名的原因喔！

wèi
胃

胃就像一臺研磨機，負責容納食物，並把它們和胃酸均勻攪拌，磨成容易吸收的小分子。

「胃」字的下方是個「肉」字旁，表示胃是由肉組成的人體器官，而上方的「⊠」則是依照胃的模樣所畫，外面是囊袋的形狀「凵」，中間則像正在消化的穀物「※」。

由於「⊠」和「田」太過相似，所以當文字演變，就誤寫成「田」了。

小教室：

「吃東西要細嚼慢嚥」，這句叮嚀時常出現，但細嚼慢嚥究竟有甚麼好處呢？

原來，除了避免噎到，仔細咀嚼也能減少胃的負擔。如果牙齒沒有將食物咬碎，胃在研磨的過程中就會很吃力，久而久之便生病了！

bí

鼻

鼻子是掌管嗅覺的器官，呼吸時，氣流也由此進入身體。「鼻」字上方是個「自」，它的模樣最初是依照鼻子的形狀所造，但人們常常指着自己的鼻子來表示「自己」，所以「自」字就被借去代表「自己」的意思了。

後來，人們以「自」為基礎，在它下方加上聲符「畀」，造出了我們現在看到的「鼻」字。

小教室：

傳說，螞蟻由一個名為「好鼻師」的人所變。他的嗅覺靈敏，卻妄想爬上天庭品嚐最美味的甜點，於是被雷公從空中劈落。碎成一片片的好鼻師，最後便化為嗅覺靈敏，愛吃甜食的螞蟻。

xiāng

香

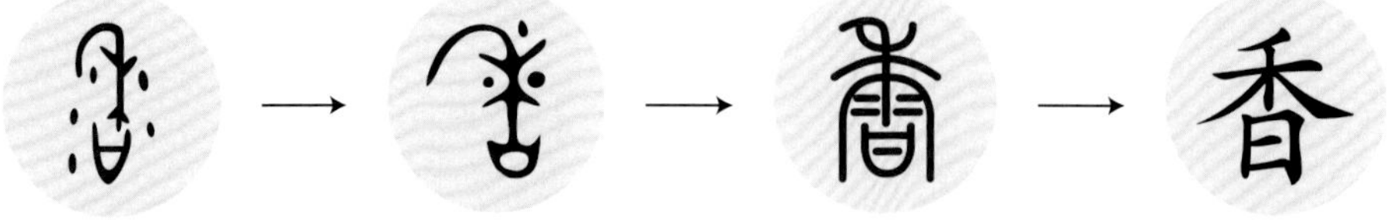

讓人感覺愉快的美好氣味，便稱作「香氣」。在篆文裏，「香」字的下方是個「甘」字，用來表示甘甜美味，而上方的「[illegible]」由「禾」與「水」構成，禾是一種類似小米的作物，加水後可以釀成酒。當酒熟成，香氣自然撲鼻而來，「香」字就是依照這種現象所造。

小教室：

　　「國色天香」是指女性的容貌極美，姿態動人。歷史上有許多著名的美人，例如楊貴妃、西施、貂蟬……即使經過數百年，她們的風采至今仍被後人嚮往着。

　　你還知道古代有哪些著名的美人嗎？

相

相 → 相 → 相 → 相

　　「相」字是查看、觀察的意思。高大的樹木聳立在地表上，遠遠就能一眼望見，因此古人在創造代表「觀看」的字時，就把「木」字和「目」字放在一起，組合出了「相」字。

　　另外也有人說，「相」字是木匠為了分辨木材的形狀、材質，所以用眼睛仔細觀察樹木的意思，這樣的解釋也很有道理。

小教室：

俗話說「遠親不如近鄰」，鄰居之間若是能發揮「守望相助」的精神，在危難時伸出援手，互相照應，治安就會更好了。

kǒng

孔

♀ → ♏ → 孔

「孔」的意思是孔穴。這個字，底下畫着一個小嬰兒「♀」，上方則畫了一條弧線「ᒑ」標示出頭頂的位置。

為甚麼嬰兒的頭頂可以用來表示孔穴呢？原來小嬰兒的骨頭還沒有發育完全，出生幾個月後，頭上的骨頭縫隙（囟門）才會漸漸閉合。古人注意到嬰兒的頭頂有個「天窗」，便依樣畫葫蘆，造出了「孔」字。

小教室：

　　剛出生的小嬰兒需要細心呵護，由於頭頂的囟門還很柔軟，缺乏骨頭的保護，所以千萬不可以隨意按壓小嬰兒的頭部，以免造成傷害！

15

chē

車

甲 → 車 → 車 → 車

　　「車」字是個象形字，古代的車多半以獸力或人力拖行，用來載運貨物或乘客。

　　在甲骨文裏，「車」字上方撐着用來擋雨遮陽的車蓋「𠆢」，底下則用車軸「—」固定住兩個車輪「⓪」，當車輪轉動，就能輕易搬動物品。演變到金文時，「車」字由橫寫改為豎寫，和現代的字形已經很相似了。

小教室：

　　「閉門造車」是比喻武斷獨行，憑着個人的想像行事。除了埋頭努力之外，偶爾也該聽聽他人怎麼說，當你吸取了不同的建議，或許就能得到額外的收穫喔！

jiǎ

甲

田 → 田 → 中 → 甲

　　外皮是種子的保護層，當水分和溫度變得適合植物生長時，外皮便破裂開來、長出新芽。

　　在甲骨文裏，「甲」字中央的「十」就像種子外皮上的裂痕；也有人說，「甲」字外圍是盔甲的輪廓「口」，中間是甲片間的縫隙「十」。這兩種解釋有着同樣的特點：「甲」的質地堅硬，目的是保護裏面的東西。

小教室：

甲、乙、丙、丁、戊、己、庚、辛、壬、癸……這串中文字稱為「天干」，它們有固定的順序，可以用來表示先後關係，作用跟我們平常使用的「數字」有點相似。

míng

明

卯 → 𣊟 → 𪩘 → 明

「床前明月光，疑是地上霜」夜晚的月光相當顯眼，甚至讓詩人以為地板結了一層白霜。

「明」字的意思是明亮，畫的是一彎弦月「⟩」，它的光芒照進窗「☉」裏。在某些字形裏，窗戶的形狀被太陽「日」取代，看起來就像日月一同閃耀，也能解釋成「光明」的意思。

小教室：

在運動場上，所有行為都必須「光明磊落」。依靠自己的實力去互相競爭，獲勝時保持謙虛，面臨失敗也不氣餒，這就是運動員必備的體育精神。

yè

夜

夕 → 夾 → 夜

　　太陽落到地平線下方，這段天色一片漆黑的時期，就稱為「夜晚」。「夜」是個形聲字，在甲骨文裏，「夜」字的右邊畫着月亮「D」，用來表示太陽落下，月亮剛剛升起的時候；字形中的「夾」則是「腋」的初文，在手臂下方加了兩點，強調腋下這個部位。

　　跟着唸唸看，「腋」和「夜」的讀音是不是很相近呢？因此，古人造字時，就借了「腋」來當作「夜」字的聲符。

小教室：

　　據說古代有個名為「夜郎」的國家，它的佔地狹小，統治者卻自以為這是天底下最龐大的國家。

　　因此，在形容人見識淺薄卻自大時，便會使用「夜郎自大」這個成語。

mù

暮

茻 → 茣 → 莫 → 暮

　　「暮」的意思是傍晚，這時的太陽西斜，逐漸昏暗的天色正準備進入黑夜。在古代，「暮」字被寫作「莫」，畫的是太陽「⊖」漸漸落下，被高聳的野草「茻」包圍的模樣，當日暮黃昏的景象出現，人們就曉得白天即將結束了。

　　後來「莫」字被借去代表「否定」的意思，只好在下方加上一個「日」，另外造出「暮」字，來表示原本傍晚的含意。

小教室：

　　「夕陽無限好，只是近黃昏。」古人用詩句描寫夕陽的美好，同時感嘆美景再過不久就要消失了，真是叫人感傷啊！

　　自古以來，黃昏有着事物將盡的意象，因此「暮春」代表春天的末尾，人的老年時期則稱為「暮年」。

hóng

虹

🪱 → 虹 → 虹

當雨過天晴，陽光的路徑會被空氣中的小水滴改變，折射出七彩的色澤，這道拱橋形狀的光帶就稱為「彩虹」。

在古人眼中，彩虹是一種難以理解的神祕現象，因此在創造「虹」字時，古人便發揮想像力，畫了一條有着兩顆頭的生物「🪱」，中間的身體呈現弧形，就像這條生物為了喝水而垂下了頭顱。古人的想像力是不是相當生動、有趣呢？

26

小教室：

　　彩虹不只在雨後出現，當天氣晴朗時，你也可以試着動手DIY喔！作法很簡單，只要背對陽光，以正確的角度噴灑出水霧，就有機會能看見人造彩虹了。

liáng

良

𣦵 → 𣦻 → 𣦻 → 良

　　「良」字最原始的意思是「走廊」。古代有
種特殊的建築方式，先垂直往地面挖一個淺坑，
最後再以樹枝撐在上方蓋出屋頂，這種一半在地
下的房子就稱為「半穴居」。

　　「良」字中央的方形就像半穴居的屋室
「口」，由於通風不佳，所以設置了兩個連通戶
外的走廊「𡿪」、「乚」，這麼一來採光和空氣
品質就大大改善了，因此「良」字也有「良好」
的意思。

小教室：

　　要是一不小心生病了，就得乖乖休息、吃藥。雖然藥物的苦味叫人難以下嚥，但「良藥苦口」，為了早日痊癒，還是得依照醫生的指示按時服用才行！

nián

年

彳 → 彳 → 秂 → 年

　　在古代農業社會裏，人們的生活與大自然息息相關，「年」字就是最好的例子。

　　「年」字畫的是一個人「彳」身上扛着整株禾穀「彳」，表現出穀物成熟，人們開始收割的景象，因此年字的本義是「穀物收成」。古代的農業技術不如現代發達，穀物要過十二個月才能成熟、採收，這段時間剛好就是我們所說的「一年」，因此，「年」字便多出了「一年十二個月」的意思。

小教室：

在人們設定的曆法中，一年有三百六十五天，和地球繞着太陽轉一圈的時間相似。但是，星體的運動還是稍微快了一點，為了解決這個小誤差，月曆上每隔四年就會多出「二月二十九日」這個日子。

zhōu

州

〣 → ⟨∮⟩ → 〣 → 州

　　河水裏夾雜着細小的砂礫，當水流變慢，這些雜質就會沉澱下來，漸漸堆積成凸出河面的一塊小土地：「州」。

　　「州」字的甲骨文和「川」字「〣」長得很相似，左右兩條曲線代表河流兩岸，中央有湍急的河水流動着，「州」字還額外加上了陸地「ᐁ」，強調河流中央有凸起的沙丘。

小教室：

　　除了河中，接近岸邊的海域也可能形成沙洲。當蔚藍的海面上凸出一小塊陸地，從遠處眺望，總會讓人誤以為那是浮出水面換氣的鯨魚呢！

　　所以海中的沙洲又稱為「鯤鯓」，意思是「鯨魚的背部」。

běn

本

木 → 木 → 本

在甲骨文裏，「本」字的外型是一棵樹木「木」，下方的根部則加了三個點，用來指出「樹根」的位置。而演變到後來，三個點簡寫為一橫「一」，形成我們現在所見的「本」字。

多虧了樹根的支撐，樹木才得以生長茁壯，因此「本」字也有事物的主體或根基的意思。

小教室：

在樹木的根部畫上一橫稱為「本」，以此類推，「末」字則有樹梢的意思。

樹梢與樹根一個在上、一個在下，彼此的位置不能顛倒過來，否則可就「本末倒置」了！這個成語是指處事不分輕重緩急，弄反了先後順序。

shí

食

食 → 食 → 食 → 食

　　「食」字就是吃的意思，俗話說「民以食為天」，食物是人們賴以生存的重要資源，靠着進食，我們能獲取身體所需的能量與養分。

　　「食」底下畫着盛裝食物的器皿「豆」，由蓋子、容器與底座組成，上方有一張嘴「亼」貼得很近，口水還不斷「冫」滴落下來，像是等不及要大快朵頤了，充分表現出「吃」的含意。

小教室：

　　若是因為擔心犯錯而逃避，那可就「因噎廢食」了。失敗過後，要從中汲取教訓，並鼓起勇氣再出發才行！

shǐ

史

史 → 史 → 史 → 史

從前人留下的歷史中，我們可以得到許多寶貴的經驗與智慧。古人很早就明白歷史的重要性，因此設立了「史官」這個職位，負責記錄各項重大事件。

「史」字畫的是一隻手「史」拿着記錄用的書簡「史」；但也有人說，上方的「史」是「中」的意思，意指記錄歷史的人要中正不偏心，這種說法也是相當合理的。

小教室：

　　史官必須如實紀錄皇帝的言行、政務，一旦遇上了暴君，這份工作可就不輕鬆了！有些人害怕丟掉性命，只好竄改歷史，將壞皇帝說成好皇帝，但也有許多史官不畏權威，替我們保留了可貴的真相。

lǐ

里

里 → 里 → 里

　　「里」的本義是人類居住的地方。「里」字下方的「土」畫的是東西從土中冒出來的模樣，代表着土地，而上方的「田」則是交錯的田埂。

　　當一個地區有土地能蓋房子，又有能夠耕作的田地，人們便會來此開墾定居，漸漸形成小村落，這便是「里」字的含意。

小教室：

　　你有沒有聽過「千里送鵝毛，禮輕情意重」這句歇後語呢？

　　有時候，比起禮物本身的價值，送禮人想傳遞的心意反而更重要喔！

dào

道

 道 → 道 → 道

　　能夠通行的路徑就稱為「道」。在金文裏，「道」字外圍畫着十字路「介」，而馬路中央的人形則是由腳「✦」和人頭「✦」構成，「✦」上方的三撇是頭髮，下方則是突顯了眼球的頭部；當一個人邁步行走，他通過的路徑就是「道」。

小教室：

柔道、跆拳道、合氣道……這些武術不只能強健體魄，還能夠修身養性，鍛鍊心靈。

一但學了武術，更要懂得保護弱小，而不是當作炫耀或者欺壓他人的手段喔！

shǔ

鼠

 → 鼠 → 鼠

　　老鼠是一種小型哺乳動物，牠的特徵是口中尖銳的大門牙；這對門牙會持續生長，因此老鼠必須啃咬物品把牙齒磨短，以免阻礙進食。

　　在甲骨文中，「鼠」字上方的小點「ˇˋ」就像老鼠嚙咬後留下的碎屑，下方則是老鼠的身形「ㄗ」，有着尖牙、小腳，以及一條細長尾巴。

　　演變到楷書時，「鼠」字的筆畫被拉直，連老鼠的頭部也改成容易書寫的方形，難以看出最原始的模樣了。

小教室：

溝鼠以人類的殘羹剩飯為食，即使在大都市裏，也處處可見牠們的蹤影。

人們常用「鼠輩」一詞來比喻偷偷摸摸的小人，因為老鼠向來被視為害蟲的一種。

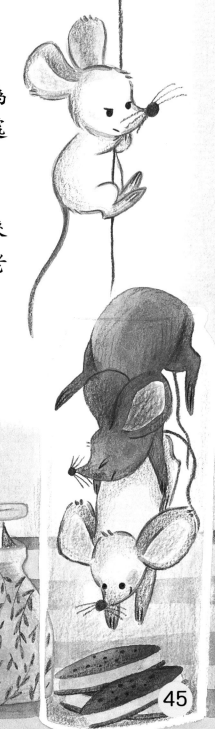

45

xiàng
象

𤉡 → 𧰨 → 象 → 象

　　說起地表上最龐大的哺乳動物，就非大象莫屬了。大象的身軀寬厚，長着一對扇狀大耳朵，靈活而有力的長鼻子就像人類的手掌，能進行各種精巧的動作。

　　只要把「象」字橫過來看，就能發現「象」字是根據大象的外型所造，不只詳盡地畫出了長鼻子、粗壯的腿，連臀部上細長的尾巴也沒被遺忘。

小教室：

　　你有聽過「盲人摸象」的故事嗎？一群盲人試着辨認大象，摸到尾巴的人以為大象長得像細繩，摸到象腿的則認為大象跟柱子一樣。大家都只摸索了片面而已，因此，最後沒有人了解事情的真相。

給孩子的
漢字故事繪本

編著 ── 鄭庭胤　　　繪圖 ── 陳亭亭

出版 / 中華教育

香港北角英皇道 499 號北角工業大廈 1 樓 B

電話：(852) 2137 2338 傳真：(852) 2713 8202

電子郵件：info@chunghwabook.com.hk

網址：http://www.chunghwabook.com.hk

發行 / 香港聯合書刊物流有限公司

香港新界大埔汀麗路 36 號 中華商務印刷大廈 3 字樓

電話：(852) 2150 2100 傳真：(852) 2407 3062

電子郵件：info@suplogistics.com.hk

印刷 / 海竹印刷廠

高雄市三民區遼寧二街 283 號

版次 / 2018 年 12 月初版

規格 / 16 開（260mm x 190mm）

ISBN / 978-988-8571-53-6

責任編輯：練嘉茹

封面設計：小草 馬楚燕